BEI GRIN MACHT SICH IHR WISSEN BEZAHLT

- Wir veröffentlichen Ihre Hausarbeit,
  Bachelor- und Masterarbeit

- Ihr eigenes eBook und Buch -
  weltweit in allen wichtigen Shops

- Verdienen Sie an jedem Verkauf

Jetzt bei www.GRIN.com hochladen
und kostenlos publizieren

GRIN

Bibliografische Information der Deutschen Nationalbibliothek:

Die Deutsche Bibliothek verzeichnet diese Publikation in der Deutschen National-
bibliografie; detaillierte bibliografische Daten sind im Internet über http://dnb.d-
nb.de/ abrufbar.

Impressum:

Copyright © 2016 GRIN Verlag, Open Publishing GmbH
Druck und Bindung: Books on Demand GmbH, Norderstedt Germany
ISBN: 9783668617728

Dieses Buch bei GRIN:

https://www.grin.com/document/385009

Kira Thiele

Dialogisches Lernen. Arbeit mit Lerntagebüchern im Mathematikunterricht

GRIN Verlag

GRIN - Your knowledge has value

Der GRIN Verlag publiziert seit 1998 wissenschaftliche Arbeiten von Studenten, Hochschullehrern und anderen Akademikern als eBook und gedrucktes Buch. Die Verlagswebsite www.grin.com ist die ideale Plattform zur Veröffentlichung von Hausarbeiten, Abschlussarbeiten, wissenschaftlichen Aufsätzen, Dissertationen und Fachbüchern.

Besuchen Sie uns im Internet:

http://www.grin.com/

http://www.facebook.com/grincom

http://www.twitter.com/grin_com

Arbeit mit Lerntagebüchern

zum Seminar

„Ausgewählte Kapitel aus der Mathematikdidaktik"

von

Kira Thiele

Studiengang: Lehramtsmaster Biologie/Mathematik

I Inhaltsverzeichnis

1 Die Theorie des dialogischen Lernens

Viele Menschen tragen das traditionelle Bild der Mathematik in sich, dass die Mathematik eine Wissenschaft sei und man durch die Anwendung eines geeigneten Algorithmus oder einer Formel zu der Lösung eines Problems gelangt (vgl. Abbildung 1). Im Mathematikunterricht hat dies zur Folge, dass das eigenständige und individuelle Lernen der SchülerInnen in den Hintergrund rückt, wodurch ihre persönlichen Interessen vernachlässigt werden und das mathematische Engagement bzw. die Anstrengungsbereitschaft sinkt. Dies ist jedoch ausschlaggebend dafür, dass die SchülerInnen eine gewisse Neugierde und einen persönlichen Zugang zu einem Thema finden, um daraufhin eine individuelle Beziehung

Abb.1: Das eingeschränkte Bild der Mathematik (aus: Gallin, 2010, S. 4)

zum Themenstoff herstellen und den Lernprozess eigenständig steuern können (vgl. Gallin & Ruf, 1998, S.8f). Es gelingt dem Mathematikunterricht heutzutage nur selten, ein differenziertes Bild der Mathematik an die SchülerInnen zu vermitteln. Doch genau das soll durch das Unterrichtskonzept des „Dialogischen Lernens" ermöglicht werden.

Der Germanist und Professor für Gymnasialpädagogik Urs Ruf und der Mathematiklehrer und - didaktiker Peter Gallin haben das angesprochene Konzept für die Schulfächer Mathematik und Deutsch entwickelt, um den SchülerInnen eine authentische Begegnung mit dem Schulstoff zu gewährleisten. Es gibt jedem Lernenden die Möglichkeit, sich individuell mit einem mathematischen Thema auseinanderzusetzen, die Zusammenhänge durch das Eintreten in einen Dialog zu verstehen und das neue Wissen gekonnt anzuwenden (vgl. Ruf et al., 2008, S. 13ff.).

Das dialogische Lernen umfasst drei große Phasen. Die erste Phase ist die singuläre Standortbestimmung, die zweite Phase bringt den divergenten Austausch mit sich und die letzte Phase befasst sich mit dem regularisierenden Lernen und Problemlösen (vgl. Müller, 2006, S. 24 ff.).

Zu Beginn erzählt der Lehrende eine persönliche Geschichte, die ein Problem aufwirft und anschließend mit einem Auftrag endet. Man nennt dies Kernidee. Eine Kernidee, die an alle ‚Ichs' in der gesamten Klasse gerichtet ist, eröffnet den SchülerInnen eine kurze Vorschau auf ein unbekanntes Themenfeld und lenkt die Aufmerksamkeit zu dem „Witz der Sache", ohne sie fachlich zu überfordern (vgl. Ruf et al., 2008, S. 96ff.). „Kernideen müssen so beschaffen sein, dass sie in der singulären Welt der Schülerin oder des Schülers Fragen wecken, welche die Aufmerksamkeit auf ein bestimmtes Sachgebiet des Unterrichts lenken." (Gallin & Ruf, 1990, S. 37). Die Aufgabe solch einer Kernidee ist es also, eine intensive Wirkung bei den Lernenden auszulösen und sie zur Produktivität anzuregen. Weiterhin ist zu beachten, dass ein aus einer Kernidee geformter Auftrag offen formuliert sein sollte, damit verschiedene Lösungen denkbar sind und ein differenziertes Erarbeiten der Lösungswege möglich ist. Somit können sich die SchülerInnen frei und unbefangen mit dem Auftrag beschäftigen (vgl. Ruf et al., 2008, S. 96ff.). Der erste Schritt ist es nun, den SchülerInnen den Freiraum zu geben, sich mit dem Auftrag auseinanderzusetzen. Es geht hier nicht darum, was die SchülerInnen fachlich korrekt über das Thema wissen und wie sie den Auftrag schnellst möglich lösen können. Es geht vielmehr um die Frage, was passiert zwischen dem Auftrag und dem Lernenden. Wie kann der Lernende seinen persönlichen Standpunkt zu dem Thema finden, sodass er sich wohl fühlt. Er begibt sich also aus der regulären Welt des Faches hinaus und dringt in die singuläre Welt des Lernenden ein. Dies

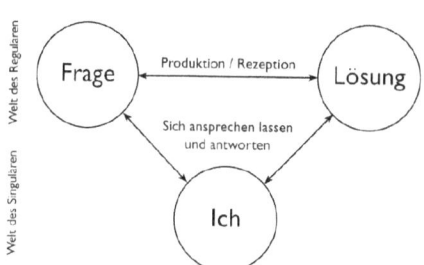

Abb. 2: Dargestellt ist das Austreten von der Welt des Regulären in die Welt des Singulären (aus: Ruf & Gallin, 2005, S. 24)

ist also der Übergang zu der ersten, oben beschriebenen Phase. In der ersten Phase erfährt die reguläre, horizontale Dimension des Unterrichts, welcher die SchülerInnen gekonnt mit einem Algorithmus zur Lösung bringt, eine zweite, vertikale Dimension. Die Dimension des Singulären (vgl. Abbildung 2). Der Lernende muss seinen persönlichen Standort zu dem Stoff finden und sich auf eine Beziehung mit diesem einlassen. Ob dieser Standort nahe bei der mathematischen Sache ist oder weit entfernt, ist momentan überhaupt nicht entscheidend. Es steht also die „Sprache des Verstehens" im Vordergrund, wobei fachliche Gewohnheiten und sprachliche Normen in den Hintergrund rücken (vgl. Ruf & Gallin, 2005, S. 27ff.). Die singuläre Standortbestimmung erfolgt in drei Stufen. Zunächst geht es um die gefühlsspezifischen Momente bei der ersten Begegnung mit dem Auftrag (Neugier, Desinteresse, Ablehnung, Hoffnung usw.). Des Weiteren muss sich der Lernende mit dem Auftrag auseinandersetzten. Es ist der erste Dialog mit der Sache („ Das habe ich schon einmal gesehen, da muss ich nicht mehr nachfragen."), der sich auf bisherige Erfahrungen und Kenntnisse des Lernenden stützt. Die dritte und letzte Stufe ist die eigentliche Positionsbestimmung. Die SchülerInnen nehmen hier eine konkrete eigene Position zur Sache ein und bauen sich ein positives Selbstkonzept auf (vgl. Müller, 2006, S. 25f.).

Um den SchülerInnen das dialogische Lernen zu ermöglichen und auch später in einen Dialog einzutreten zu können, ist es wichtig, dass sie ihren singulären Standort schriftlich festhalten. Das kann beispielsweise mit Hilfe eines Lerntagebuchs geschehen. Alles wird der Reihe nach dokumentiert, genau so, wie es sich in der Auseinandersetzung mit dem Stoff ereignet hat. Der Lernende hat nun seine erste Phase des dialogischen Lernens erfolgreich hinter sich gebracht, wenn er verständlich machen kann, wie er seine erste Begegnung mit der Sache erlebt hat und wie es in seinem Inneren aussah, als er seinen eigenen Standort finden musste (vgl. Ruf & Gallin, 2005, S. 27ff.).

Nach dem Verschriftlichen der Lerntagebücher findet nun der divergierende Austausch statt. Dies kann zwischen den MitschülerInnen selbst stattfinden. Sie sind interessiert an anderen Lösungswegen und anderen Lerntagebüchern, jedoch auch voller Eifer ihren eigenen Standort vorzustellen. Dies kann entweder durch die Sprache, aber auch durch einen sogenannten Sesseltanz vollzogen werden. „Eine Art des Austausches ist der Sesseltanz. Haben die Lernenden in der ersten Phase des Schreibens ihren Standort zu Papier gebracht, legen sie diesen an ihren Platz und suchen sich einen anderen Sessel. (...) Am neuen Platz lesen sie die Gedanken eines neuen Mitschülers durch. Auf ein neues Blatt schreiben sie dann eine persönliche Rückmeldung, die signiert wird, so dass klar ist, wer sie geschrieben hat." (Müller, 2006, S. 26). Bei dem Sesseltanz ist es jedoch jedem Lernenden gestattet, auf seinem Platz sitzen zu bleiben. Die schriftliche Rückmeldung beinhaltet drei Merkmale. Das erste Merkmal ist, dass Rückmeldungen Ich-Botschaften sind („Mir gefällt...", „Ich finde es gut...", „Damit kann ich nichts anfangen..."). Weiterhin sollte besonders gut Gelungenes verstärkt und zum Ausdruck gebracht werden. Das letzte Merkmal beinhaltet das Nennen von konkreten Angaben. Es soll dargestellt werden, was der Lernende tatsächlich geleistet hat. Verbesserungsvorschläge oder Unverständlichkeiten dürfen hier genannt werden, jedoch sollten sich alle Aussagen auf konkrete Passagen im Reisetagebuch stützen (vgl. Ruf et al., 2008, S. 37 ff.).

Angemessenes und lernanregendes Feedback setzt natürlich sprachliche Fähigkeiten voraus, die bei den SchülerInnen nicht selten sehr schwach ausgeprägt sind. Aus diesem Grund und auch um Risiken einer persönlichen Verletzung vorzubeugen, ist es ratsam, SchülerInnen einige Formulierungshilfen zur Hand zu geben. Später, in höheren Klassenstufen, können diese Hilfen grundsätzlicher gefasst werden (vgl. Anhang 1).

In der Phase des divergenten Austauschs geht es also auf der vertikalen Achse immer hin und her zwischen dem „Ich" und „Du". Wie man in Abbildung 3 erkennen kann, dreht es sich also immer noch um die Dimension des Singulären und der „Sprache des Verstehens". Durch diesen divergierenden Austausch können sich nun die SchülerInnen über andere Lösungswege Gedanken machen und diese mit ihren eigenen Erarbeitungen vergleichen. Es ihnen gestattet ihre Lernwege zu überarbeiten und zu erweitern (vgl. Gallin, 2010, S. 5ff.).

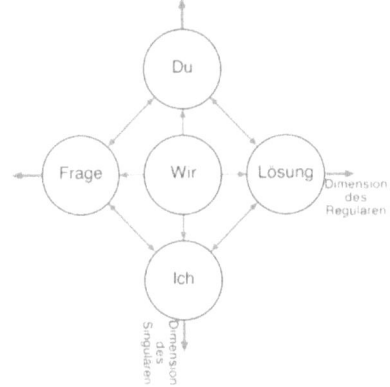

Abb.3: Der zweidimensionale Unterricht (aus: Gallin, 2010, S. 6)

In der letztes Phase, dem regularisierenden Lernen und Problemlösen, vollzieht sich die „Sprache des Verstehens" zur „Sprache des Verstandenen". Dies ist in Abbildung 3 sehr gut verständlich dargestellt. Man erkennt dort sehr gut, dass die SchülerInnen in der Mitte auf der vertikalen Achse zusammen kommen und als „Wir" agieren. Sie arbeiten und argumentieren hier wie „Experten", die gekonnt mit der „Sprache des Verstandenen" umgehen können und sie auch bewusst einsetzten. Das „Wir" breitet sich nun immer weiter auf der horizontalen Achse aus. Es wird immer deutlicher, dass das Reguläre zum Vorschein kommt. Dadurch, dass die SchülerInnen gestärkt wurden, indem ihrem Lerntagebuch und besonders ihrem Lösungsweg volle Aufmerksamkeit geschenkt wurde, gehen sie mit dem Regulären nicht eingeschüchtert um. Sie konnten andere Lösungswege erkunden und sich auch mit anderen SchülerInnen über verschiedene Lösungswege austauschen. Dadurch dringen sie unbewusst immer mehr in die Welt der Mathematik ein, ohne Angst zu haben Fehler zu machen. Die SchülerInnen treten also offen, interessiert und vor allem selbstbewusst neuen mathematischen Themen gegenüber (vgl. Ruf & Gallin, 2005, S. 33ff.). Regularisierendes Lernen beinhaltet vor allem weiterführende Aufgaben und den Transfer, damit verstandenes Wissen angewandt und vertieft wird. Zu dem herkömmlichen Lernen zeichnet sich also das regularisierende Lernen durch „Motivationskraft, Nachhaltigkeit und Prozesshastigkeit aus" (Müller, 2006, S. 30). Dies ist vor allem der ersten und zweiten Phase zu verdanken.

Abschließend lässt sich das dialogische Lernen sehr gut mit dem Kreislauf, welches in Abbildung 4 dargestellt ist, zusammenfassen. Zu Beginn steht eine eine Kernidee. Diese Kernidee wird, wie oben beschrieben, zu einem Auftrag umformuliert, die an alle „Ichs" in der Klasse gerichtet ist. Jeder Lernende hat die gleiche Chance den Auftrag zu bearbeiten. Somit eignet sich das dialogische Lernen nicht nur in homogenen Klassen sehr gut, sondern auch in heterogenen. Die SchülerInnen bearbeiten nun den Auftrag und finden eine eigene, singuläre Position. Den Weg vom Lesen des Auftrags bis hin zur Findung der eigenen Position halten die SchülerInnen mittels eines Journals beziehungsweise eines Reisetagebuchs fest. Es handelt sich hierbei um die Erarbeitung des Auftrags, als auch um vorläufige Lösungswege, die nun im nächsten Schritt von dem „Du", also MitschülerInnen, gelesen werden. Hier ist entscheidend, dass eine knappe, schriftliche Rückmeldung zum Lösungsweg gegeben wird. Aus diesen Lerntagebüchern können Lehrkräfte mit geeigneter Selektion wieder Kernideen ableiten und neue Aufträge konzipieren. Somit findet der Mathematikunterricht immer wieder neue Anreize und eine Fortsetzung. Die Normen beziehen sich auf das Fachliche des Unterrichts und werden von dem

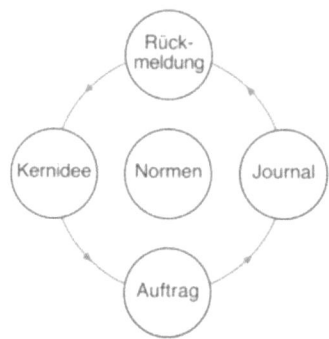

Abb. 4: Kreislauf des dialogischen Lernens (aus: Gallin, 2010, S. 6)

dialogischen Lernen umspielt. Diese wachsen aus dem „Wir", welches am Ende der „Ich" und „Du"-Phasen angestrebt wird.

Somit wird ein offener, differenzierter Mathematikunterricht dargeboten, der den SchülerInnen eine eigenständige und individuelle Erarbeitung eines Themas ermöglicht und ein schülerzentriertes und effizientes Arbeiten kann vollzogen werden (vgl. Gallin, 2010, S. 6f.).

2 Meine Kernidee

Da ich Lehrerin in einer Nachhilfeschule bin, werde ich mit vielen mathematischen Themen konfrontiert, mit denen SchülerInnen enorme Probleme im Mathematikunterricht haben. Dort ist mir schon mehrfach aufgefallen, dass das Thema „zusammengesetzte Körper" für sie sehr problematisch ist. Noch schwieriger wird es, wenn die SchülerInnen in Alltagsgegenständen Körper beziehungsweise zusammengesetzte Körper erkennen, schätzen und berechnen sollen. Meine Kernidee für das Seminar „Ausgewählte Kapitel der Mathematikdidaktik I" entwickelte sich unbewusst auf einer ICE-Fahrt.

Ich saß eines Tages im ICE und schaute verträumt aus dem Fenster. Dort sah ich auf einmal einen Heißluftballon in knalligen Farben. Dieser stach mir sofort ins Auge und mir kam, zugegebenermaßen, nicht sofort die Idee der zusammengesetzten Körper. Da ich jedoch den Heißluftballon sehr beeindruckend fand und mir die Langeweile etwas zusetzte, zeichnete ich ihn auf mein Bahnticket. Ich überlegte mir, wie viel Luft wohl in einen Heißluftballon passt und schätze die Maße, um das Volumen zu berechnen. Jetzt ergriff mich der Gedanke, da ich zum Berechnen geometrische Körper benötige, die den Heißluftballon gut beschreiben. Ich dachte mir: „Welch schöne und alltagsbezogene Aufgabe für SchülerInnen, mit mathematischen Hintergrund."

Um den SchülerInnen nicht all zu viel über die Kernidee und das mathematische Thema zu verraten und ihnen den Freiraum zur singulären Standortpositionierung zu ermöglichen, formulierte ich den Auftrag kurz, provokant und offen. Mein Auftrag des Lerntagebucheintrags lautete also: „Wie viel Luft passt wohl in diesem Heißluftballon?". Ein passendes Bild fügte ich außerdem hinzu, da ich Diskussionen bezüglich der Fragen „Wie sieht denn überhaupt ein Heißluftballon genau aus?" innerhalb meiner Lerngruppe vermeiden wollte. In Abbildung 5 ist mein Auftrag, so wie ich ihn den SchülerInnen ausgeteilt habe, dargestellt.

Heißluftballon

Wie viel Luft passt wohl in diesen Heißluftballon?

Abbildung eines Heißluftballons

Abb. 5: Der Auftrag

Meine Kernidee, beziehungsweise mein Auftrag, beinhaltet das mathematische Thema geometrische Körper und Figuren. Mein Auftrag ist somit in den Rahmenlehrplan für die Sekundarstufe I in der Doppeljahrgangsstufe 9/10 im Pflichtmodul P7 einzugliedern. Es lautet „Körper herstellen und berechnen". In diesem Pflichtmodul sollen die SchülerInnen geometrische Strukturen in ihrer Umwelt erkennen, beschreiben und durch geeignete Abschätzungen Volumen- sowie Oberflächenberechnungen durchführen. Konkret ist dort formuliert: „ Durch das Beschreiben und Darstellen von mathematischen Körpern entwickeln die SchülerInnen modellhafte

8

Vorstellungen, die es ihnen ermöglichen, in Gegenständen aus ihrer Umwelt mathematische Figuren zu erkennen und zu charakterisieren. (…) Zur Planung der Berechnung von Oberflächen und Volumen in Sachkontexten erstellen sie Skizzen und schätzen entsprechende Maße." (Rahmenlehrplan für die Sekundarstufe I, S. 54).

Wie oben schon erwähnt, kann der Ballon durch geeignete zusammengesetzte Körper beschrieben werden. Folgende Körper müssen die SchülerInnen also kennen, um den Heißluftballon ideal durch zwei Körper zu berechnen: (Halb-)Kugel, Kegel und Kegelstumpf. Weiterhin müssen sie auch das Volumen berechnen können. Aus dem Rahmenlehrplan der Sekundarstufe I ist zu entnehmen, dass die SchülerInnen mit dem Umgang von geometrischen Figuren und den Begriffen „Volumen" und „Oberfläche" geübt sind. Im Wahlbereich W2 in der Jahrgangsstufe 7/8 sind die genannten Begriffe schon etabliert (vgl. Rahmenlehrplan für die Sekundarstufe I, S. 41). Somit können die geometrischen Figuren und die zum Volumen benötigten Formeln, die in Abbildung 6 dargestellt

Volumenberechnung

1. Kugel : $V = 4/3 \pi r^3$
2. Kegel: $V = 1/3 \pi r^2 h$
3. Kegelstumpf: $V = 1/3 h \pi \ (\ (r1)2 + r1 \ \ r2 + (r2)2)$

Abb. 6: Genutzte Volumenberechnungsformel

sind, vorausgesetzt werden.

Nach einer Erarbeitungsphase des Lösungsweges meinerseits, kam ich auf zwei mögliche Lösungen, durch die der Auftrag gelöst werden kann.

Im ersten Lösungsweg wird der Heißluftballon durch eine Halbkugel und einen Kegelstumpf beschrieben (vgl. Abbildung 7). Um die Maße des Radius und der Höhe von beiden geometrischen Körpern zu schätzen, wird der stehende Mensch in dem Heißluftballonkorb als Maßstab genutzt. Da ein Mensch eine Durchschnittsgröße von 1,70 m hat und dieser auf dem Auftragsblatt mit ca. 0,5 cm gemessen wird, kann folgende Relation aufgestellt werden: 1,70 m = 0,5 cm. Durch diesen Maßstab wird den SchülerInnen ermöglicht, alle notwendigen Maße der Zeichnung zu entnehmen. Sollten die SchülerInnen ohne Maßstab geeignete und realistische Schätzungen treffen, ist dies auch eine Alternative und richtig. Der ausführliche Lösungsweg ist im Anhang 2 zu finden. Durch das eben genannte „Maßstabs-Verfahren" werden auch alle benötigten Größen für den zweiten Lösungsweg, der sich in Anhang 3 befindet, bereitgestellt. Der Unterschied ist hier, dass der Heißluftballon mit einer Halbkugel und in einem Kegel beschrieben wird. Da der Kegel unten spitz

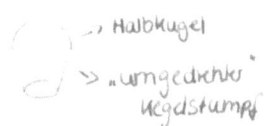

Abb. 7: Heißluftballon durch Halbkugel und Kegelstumpf beschrieben

Abb. 8: Heißluftballon
beschrieben durch
Halbkugel und Kegel

zuläuft und der Heißluftballon nicht, wird dem Kegel die nach unten zulaufende Spitze, mit einem umgedrehten Kegel entfernt. Dies ist in Abbildung 8 zu finden. Beide vorgestellten Lösungswege sind ausführlich im Anhang 2 und 3 dargestellt.

Natürlich kann man nicht davon ausgehen, dass alle SchülerInnen auf einen der zwei genannten Lösungswege letztendlich kommen, da es sicherlich Leistungsunterschiede innerhalb der Klasse gibt. Daraufhin habe ich mir überlegt, dass einige SchülerInnen den Heißluftballon auch als Kugel sehen und so auch den Auftrag lösen könnten. Somit wird der Heißluftballon zwar nicht exakt beschrieben, jedoch ist dies auch eine mögliche, einfachere Lösung, die die SchülerInnen zur Problemlösung nutzen könnten.

Abschließend sind noch die Kompetenzen zu nennen, die durch diesen Auftrag gefördert werden. Die erste Kompetenz ist das **Argumentieren** und **Kommunizieren**. Die SchülerInnen ziehen Informationen aus mathematischen Darstellungen, in diesem Fall das Bild mit dem Heißluftballon und analysieren, bewerten und diskutieren diese. Weiterhin ist einerseits das **Problemlösen** eine weiter geförderte Kompetenz. Die SchülerInnen zerlegen das dargestellte Problem des Auftrags in Teilprobleme und bewerten selbst entwickelte Problemlösestrategien. Das Problemlösen zeichnet sich auch beispielsweise dadurch aus, dass sie Hilfslinien oder Maßstäbe direkt in das Bild einzeichnen. Andererseits das **Modellieren**. SchülerInnen lernen Realsituationen in mathematische Modelle zu übersetzen. Das ist hier der Fall. Dadurch, dass die SchülerInnen den Heißluftballon, also die Realsituation, in Körper zerlegen und mit diesem Modell arbeiten, gelangen sie zum Ergebnis. Die letzte Kompetenz ist die **Geometrie**. Die SchülerInnen schätzen und bestimmen Längen, um das Volumen des zusammengesetzten Körpers zu berechnen (vgl. Rahmenlehrplan für die Sekundarstufe I, 2006, S.10 ff.).

3 Lerntagebuch und Reflexion

Der im vorherigen Abschnitt vorgestellte Auftrag wurde an eine Lerngruppe, bestehend aus vier Schülerinnen der 10. Klasse eines Gymnasiums, ausgeteilt. Ihnen wurde sowohl der Auftrag, als auch eine Anleitung zum Führen eines Lerntagebuchs ausgehändigt (vgl. Anhang 4). Die SchülerInnen hatten eine Schulstunde (45 Minuten) zeit, um ihr Lerntagebuch anzufertigen. Daraufhin erarbeite ich ihnen eine schriftliche Rückmeldung, die ich den Schülerinnen am nächsten Tag wieder aushändigte. Mit der Rückmeldung konnten sie wieder eine Schulstunde lang ihr Lerntagebuch fortführen.

Die ersten Reaktionen auf den Auftrag waren eindeutig (vgl. Abbildung 9). Insgesamt sind drei verschiedene Auszüge der vier Schülerinnen dargestellt und man erkennt, dass beim Lesen des Auftrags erste Zweifel bei ihnen aufkamen. Sie waren unsicher, überfordert und zeigten eine gewisse Abneigung. „Ich finde die Aufgabe in Bezug auf Mathe nicht nachvollziehbar", lautete

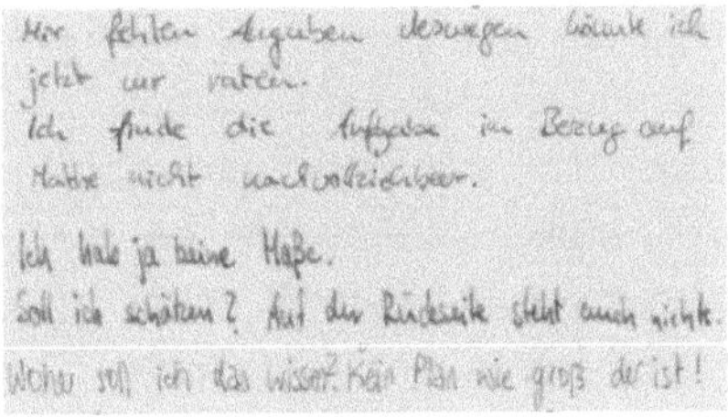

Abb. 9: Erste Reaktionen der Schülerinnen auf den Lerntagebuchauftrag

eine erste Reaktion. Doch die Schülerinnen haben sich durch diese erste Anfangsphase nicht entmutigen lassen. Nachdem sie ihre ersten Gedanken und Gefühle aufgeschrieben haben, sind sie ziemlich schnell auf die Suche nach einem Lösungsweg gegangen. Nach den anfänglichen Schwierigkeiten entstanden schnell gute und schon in die richtige Richtung gehende Erarbeitungswege (vgl. Abbildung 10).

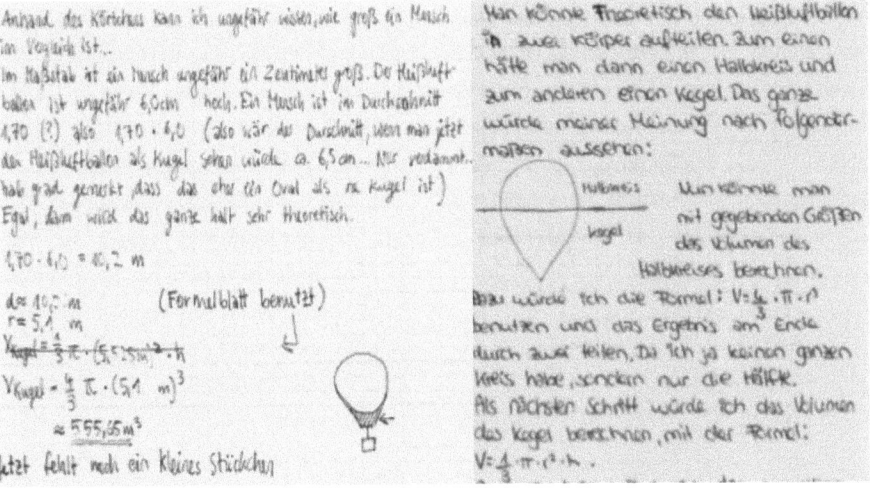

Abb. 10: Nach den anfänglichen Reaktionen des Auftrags, sind die SchülerInnen schnell zur Findung eines Lösungsweges übergegangen. Zwei von diesen Lösungswegen sind hier dargestellt.

Durch die am ersten Tag angefertigten Lerntagebücher konnte ich mir also einen ersten Eindruck verschaffen, wie die Lernenden sich auf die Suche begaben, ein Lösungsweg für den Auftrag zu finden. Mit fiel auf, dass zwei von den vier Schülerinnen ihre Lösungswege sehr schriftlich formulierten, als ihn in einen konkreten Rechenweg zu verfassen. Einer davon ist in dem zweiten Auszug, der in Abbildung 10 dargestellten Lerntagbücher, zu sehen. Die Schülerin teilte den Heißluftballon in zunächst zwei geeignete Körper (Kegel und Halbkugel), verfasste einen fast vollständigen, schriftlich ausformulierten Rechenweg und fügte eine Skizze an. Ihr Lösungsweg ist jedoch unvollständig, da ihr in zwei Körper zerteilter Heißluftballon unten spitz zusammenlief. Meine Rückmeldung belief sich also darauf, dass ich zunächst darauf einging, dass sie schon auf einem sehr guten Weg sei und ich bei meinem Lösungsweg genauso vorging wie sie. Weiterhin machte ich sie dann darauf aufmerksam, dass der Heißluftballon nicht optimal beschrieben ist, wenn ich die von ihr gewählten Körper zusammensetzte und ob es nicht eine günstigere Lösung gebe (vgl. Abbildung 11). Außerdem bat ich sie, ihren schriftlichen Lösungsweg beim nächsten Mal mit einem

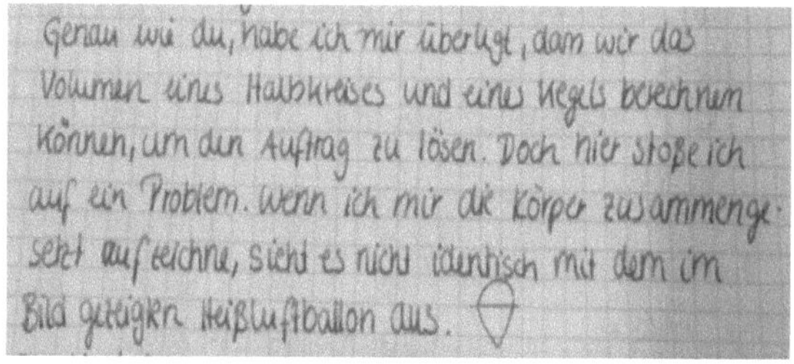

Abb. 11: Schriftliche Rückmeldung

richtigen Rechenweg zu versehen. Dies traute ich ihr zu, da sie die Formel zu Berechnung des Volumens und die Abschätzungen der Maße durch den selbstangelegten Maßstab in ihrem Fließtext konkret beschrieb. Sie musste also nur den schriftlichen Text in einen mathematischen Lösungsweg „umwandeln".

Die Schülerin des ersten Lerntagebucheintrags, aus Abbildung 10, nutze auch den Mensch als Maßstab, um auf die unbekannten Größen zu gelangen, die für die Volumenberechnung nötig waren. Jedoch hatte sie hier einen kleinen Denkfehler. Sie setzte eine Kugel und einen Kegelstumpf zusammen und führte nur eine VolumenbSerechnung der Kugel durch. Darauf machte ich sie in meiner Rückmeldung aufmerksam (vgl. Abbildung 12). Sie reflektiere sich schon selbst sehr gut und sah ihr Problem, in dem sie schrieb: „ Hab gerade gemerkt, dass das eher ein Oval ist, als eine Kugel". Um ihr zu helfen zeichnete ich ihre gewählten Körper auf mein Rückmeldungsbogen, setzte diese zusammen und fragte, ob es nicht vielleicht eine optimalere Lösung zum Beschreiben des Luftballons gebe.

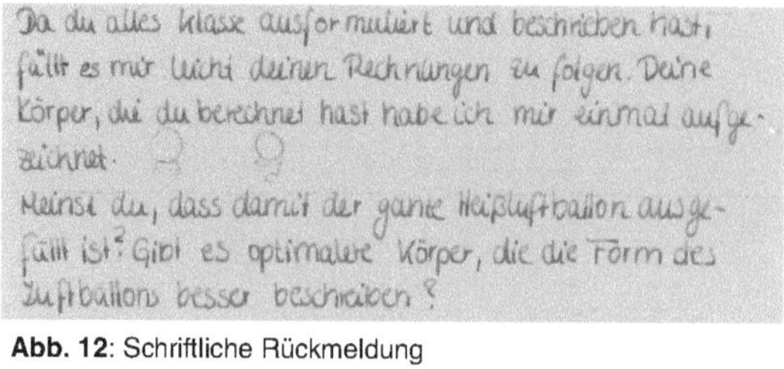

Ich war sehr erstaunt zu sehen, dass alle vier Schülerinnen

Abb. 12: Schriftliche Rückmeldung

erkannten, dass es sich um eine Volumenberechnung handeln musste und auch alle versucht haben einen Lösungsweg für die Aufgabe zu finden. Sie haben sich alle auf den Auftrag eingelassen und voller Eifer versucht ein Ergebnis zu finden. Weiterhin faszinierte mich, dass drei von vier Schülerinnen den Heißluftballon als zusammengesetzten Körper erkannten und auch richtige geometrische Figuren nannten, durch die er beschrieben werden konnte. Sie glichen meinen Lösungswegen, die ich mir vorher überlegt hatte. Es war jedoch zu erkennen, dass diese Schülerinnen den letzten Schritt außen vor ließen. Das bedeutet, dass sie eine Kugel anstatt einer Halbkugel auf den Kegelstumpf setzten oder einfach eine Halbkugel mit einem Kegel zusammensetzten. Da die Schülerinnen schon auf dem richtigen Weg waren, fiel meine Rückmeldung deshalb auch sehr gezielt, also auf ausgewählte Stellen des Lerntagebuchs, zurück. Ich konnte direkte Auszüge ihres Tagebuchs nennen, über die sie sich nochmals Gedanken machen und eventuell weiter denken sollten. Die vierte Schülerin versuchte den Auftrag physikalisch zu lösen. Ein sehr interessanter und bestimmt auch umsetzbarer Lösungsweg. Jedoch versuchte ich sie in der Rückmeldung auf das mathematische Thema „zusammengesetzte Körper" zu lenken. Deshalb formulierte ich ihre Rückmeldung allgemeiner und stellte ihr die Frage: „Gibt es Figuren oder Körper in der Mathematik, die du im Laufe deiner Schullaufbahn kennengelernt hast und die dir helfen, das Volumen dieses Heißluftballons zu berechnen?".

Nachdem ich die Rückmeldungen an meine Schülerinnen ausgehändigt hatte, waren sie sehr dankbar und erstaunt, dass ich ihnen so umfassend auf ihr Lerntagebuch geantwortet habe. Danach begann eine sehr intensive Arbeitsphase und beim erneuten Lesen der weitergeführten Tagebücher, konnte ich feststellen, dass alle vier Schülerinnen einen vollständigen und richtigen Lösungsweg aufgeschrieben hatten. Ein Beispiel ist in Abbildung 13 zu sehen. Das hieß, dass meine Rückmeldungen gefruchtet hatten und ich die Lernenden damit in die richtige Richtung lenken konnte.

Zusammenfassend und reflektierend kann ich sagen, dass das Projekt „Lerntagebuch" sehr gut bei meinen Schülerinnen ankam. Sie haben sich auf den Auftrag eingelassen und sind durch meine Rückmeldung zu einem mathematisch befriedigenden, richtigen Lösungsweg gelangt. Das es verschiedene Lösungswege gab interessierte die SchülerInnen sehr und sie waren in einer abschließenden, dynamischen Diskussion sehr interessiert daran, auch die anderen Wege zu verstehen.

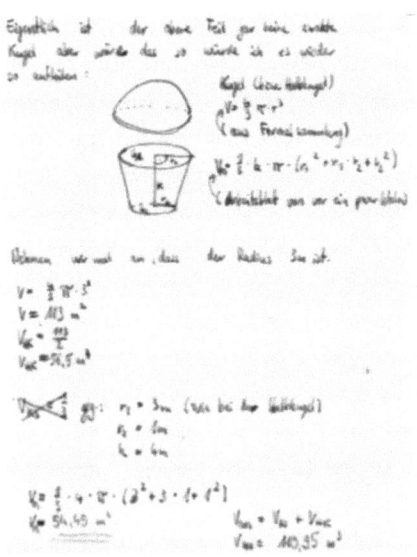

Abb. 13: Lerntagebucheintrag nach Rückmeldung

4 Fazit

Die Erfahrungen, die ich innerhalb des Seminars mit den Lerntagebüchern sammeln durfte, sind durchweg positiv. Ich habe innerhalb meiner aber auch anderer Lerngruppen nur motivierte und begeisterte SchülerInnen erlebt. Alle waren voller Eifer, ihren Auftrag mit einem passenden Lösungsweg zu versehen und reagierten auf die individuell angefertigten Rückmeldungen sehr dankbar. Zugegebenermaßen hatte ich meine Zweifel, ob die SchülerInnen es nicht langweilig oder sogar ermüdend finden, über ihre Gefühle und Gedanken zu schreiben und anschließend noch einen Lösungsweg für einen derartig offenen Auftrag zu finden. Vor Augen hatte ich demotivierte und verzweifelte SchülerInnen. Diese Zweifel haben sich überhaupt gar nicht bestätigt.

Den Einsatz von Lerntagebüchern finde ich sehr gut, da es ein offen gestalteter Auftrag ist, der von allen SchülerInnen der Klasse bearbeitet und gelöst werden kann. Dieser setzt keine Grenzen bezüglich der Mathematik. Das kommt einerseits den Lehrenden zu Gute, da sie keine speziellen differenzierten Aufgabenangebote vorbereiten müssen. Andererseits auch den Lernenden, da sie durch den Auftrag von ihrem kognitiven Entwicklungsstand (bezeichnet Fähigkeiten, Fertigkeiten und Fachwissen bezügliche eines Themas oder Sache (vgl. Müller, 2006, S. 24)) in die Aufgabe starten und diese bearbeiten können. Wie sagt man so schön: „Man holt den Schüler mit der Aufgabe dort ab, wo er steht!". Dadurch bekommt der Lehrende einen Überblick über das Leitungsniveau der Klasse und kann dahingehend seinen Unterricht anpassen und neu orientieren.

Ein weiterer positiver Aspekt des Einsatzes von Lerntagebüchern, ist der Wechsel zwischen individueller und gemeinsamer Arbeit. Dadurch, dass die SchülerInnen sich individuell und intensiv mit dem Thema auseinandergesetzt haben, ist es wichtig, dass die Ergebnisse auch eine Wertschätzung, entweder durch die MitschülerInnen (Sesseltanz) oder durch die Lehrkraft, erhalten. Durch die von der Lehrkraft individuell gestaltete Rückmeldung, kann den SchülerInnen geholfen werden einen Lösungsweg zu finden. Die Lernenden haben somit nicht das Gefühl, dass sie alleine gelassen werden, sondern mit Unterstützung der Lehrkraft gemeinsam eine Lösung finden. So kann beispielsweise ein mathematisches Thema oder mathematische Zusammenhänge für die SchülerInnen gut transparent dargestellt werden, sodass sie ihre Lösung erfolgreich und verständlich den MitschülerInnen erklären können.

Des Weiteren kann man durch die alltagsbezogene Gestaltung der Aufträge die Aufmerksamkeit der SchülerInnen sehr schnell wecken. Dies korreliert meistens positiv mit ihrer Motivation und ihrer Leistungsbereitschaft. Durch die Neugierde, die die SchülerInnen entwickeln, finden sie meist schnell einen persönlichen Zugang zu dem Thema und können daraufhin eine individuelle Beziehung zum Themenstoff herstellen. Dadurch ist es ihnen gestattet den Lernprozess eigenständig zu steuern.

Natürlich bringt der Einsatz von Lerntagebüchern im Unterricht nicht nur positive Aspekte mit sich. Zum Einen ist es ein sehr hoher Korrekturaufwand, da die Lehrenden alle Lerntagebücher der

SchülerInnen lesen und daraufhin eine individuelle Rückmeldung schriftlich verfassen müssen. Zum Anderen ist das das geringe Zeitkontinent, welches den Lehrenden zur Verfügung steht. Dadurch, dass der Rahmenlehrplan sehr genau vorschreibt, was für mathematische Themen in den einzelnen Jahrgangsstufen innerhalb einer bestimmten Zeit geschafft werden müssen, bleibt nur ein sehr kleines Zeitfenster, für den Einsatz von Lerntagebüchern. Deshalb müssen die Lehrenden genau planen, wann und in welchem Umfang sie den Einsatz für sinnvoll erachten.

Zusammenfassend finde ich, dass ich den Einsatz von Lerntagebüchern, als Element des dialogischen Lernens, im Mathematikunterricht für sehr sinnvoll halte. Ich kann mir sehr gut vorstellen, sie auch später selbst in meinem Unterricht einzusetzen. Gerade wenn es darum geht, den SchülerInnen ein differenziertes Bild der Mathematik zu zeigen, oder ihnen Raum zu geben, dass sie ihre individuellen Stärken zeigen und verwirklichen können, finde ich den Einsatz optimal. Ich denke, dass sich ein gezielter Einsatz nur positiv auf die SchülerInnen auswirkt. Durch die eigenständige Reflexion ihres Lernweges sind sie viel aktiver und selbstbewusster in fachbezogenen Diskussionen und treten positiv mathematischen Aufgaben gegenüber. Wie eine Schülerin so schön schrieb: „Es ist ein gutes Gefühl gewesen, sich einen eigenen Lösungsweg auszudenken und seinen Gedanken freien Lauf zu lassen! Und das auch noch in Mathe. Hätte ich nicht gedacht, dass mir das so viel Spaß macht".

5 Literaturverzeichnis

Müller, Harald. (2006). *Mit Schülerinnen und Schülern im Dialog. Lebendiges Lernen durch Teilnehmeraktivierung und Moderation.* Auer Verlag GmbH.

Gallin, P. (2010). *Dialogisches Lernen. Von einem pädagogischen Konzept zum täglichen Unterricht.* Grundschulunterricht Mathematik: S. 4-9.

Gallin, P./Ruf, U. (1990). *Sprache und Mathematik in der Schule. Auf eigenen Wegen zur Fachkompetenz.* Lehrmittelverlag des Kantons Zürich.

Gallin, P., Ruf, U. (1998). *Sprache und Mathematik in der Schule. Auf eigenen Wegen zur Fachkompetenz.* Seelze: Kallmeyersche Verlagsbuchhandlung GmbH.

Ruf, Urs; Galllin, Peter. (2005) *Dialogisches Lernen in Sprache und Mathematik. Band 1: Austausch unter Ungleichen. Grundzüge einer interaktiven und fächerübergreifenden Didaktik.* 3. Auflage, Seelze-Velber: Kallmeyersche Verlagsbuchhandlung GmbH.

Ruf, Urs; Keller, Stefan; Winter, Felix. (2008). *Besser lernen im Dialog. Dialogisches Lernen in der Unterrichtspraxis.* 1.Auflage, Kallmeyer in Verbindung mit Klett.

Genutzte Internetquellen

https://www.berlin.de/imperia/md/content/sen-bildung/schulorganisation/lehrplaene/sek1_mathematik.pdf?start&ts=1450262874&file=sek1_mathematik.pdf

http://www.mathesite.de/pdf/flachf.pdf

6 Anhang

Anhang 1: Formulierungshilfen für eine Rückmeldung

Wie fängt eine Rückmeldung an?

Mir gefällt...	Ist es zwingend, dass...?
Es ist schön...	Da bin ich gestolpert...
Am stärksten wirkt...	Ich habe Mühe mit dem Satz...
Ich finde es gut...	Könnte man auch...?
Das ist ein Wurf!	Stellst Du Dir vor, dass...?
	Ich frage mich, ob...
Ich bin überrascht, wie...	
Es wundert mich...	Damit kann ich nichts anfangen...
Ich verstehe nicht ganz, warum...	Das hat mich nicht angesprochen...
Könntest Du Dir vorstellen...?	Hier melden sich Zweifel bei mir...
Es nimmt mich wunder...	Da muss ich widersprechen...
Ich möchte gern wissen...	Das sehe ich anders...
Hier fehlt mir...	

Anhang 2: Lösungsweg 1

Frage: Wie viel Luft passt in einen Heißluftballon?

Lösungsskizze a) → Halbkugel

c) → "umgedrehter" Kegelstumpf

b) Berechnung der Halbkugel:

$$V = \frac{2}{3} \pi r^3$$

$$V = \frac{2}{3} \pi (10,5)^3$$

$$= \frac{2}{3} \pi \ 1157,6$$

$$= 2424,55 \ m^3$$

c) Berechnung des Kegelstumpfs

$$V = \frac{\pi \cdot h}{3} (r_1^2 + r_1 r_2 + r_2^2)$$

$$V = \frac{\pi \cdot 8,3}{3} ((1,5)^2 + (10,5 \cdot (1,5 + 10,5)))$$

$$V = 8,3 \cdot (128,25)$$

$$= 1433,74 \ m^3$$

$R = 10,5 \ m$

$h = 8,5 \ m$

$r = 1,5 \ m$

a) Volumen des Heißluftballons:

$2424,55 + 1433,74 \ m^3 = 3858,1 \ m^3$

$1 dm^3 = 1 \ell$

→ $3858,1 \ m^3 = 3858210 \ dm^3 = 3.858.210 \ \ell$

In den Heißluftballon passen 3.858.210 ℓ.

Frage: Wie viel (Liter) Luft passen in einen
Heißluftballon?

Lösungsweg:

a) Um was für einen zusammengesetzten Körper handelt es sich
überhaupt!

- größter Durchmesser $d = 21\,m$

  $r = 10,5\,m$

- Höhe $h = 25\,m$

b) Berechnung der Halbkugel

$V = \frac{2}{3}\pi r^3$

$V = \frac{2}{3}\pi \cdot (10,5)^3$

$= \frac{2}{3}\pi \cdot 1157,6$

$= \frac{2}{3} \cdot 3636,75$

$= 2424,53\,m^3$

c) Berechnung des Kegels

$V = \frac{1}{3}\pi r^2 \cdot h$

$= \frac{1}{3}\pi \cdot (10,5)^2 \cdot 12,5$

$= \frac{1}{3}\pi \cdot 1378,125$

$= \frac{1}{3} \cdot 4329,51$

$= 1443,17\,m^3$

d) Volumen des einges. Körper: $V_a + V_k = 2424,53\,m^3 + 1443,17\,m^3$

$= 3867,7\,m^3$

e) Überlegung

Der Ballon ist unten nicht spitz, sondern dort nicht geschlossen, sondern
offen.
Dieser Teil müsste also vom Volumen abgezogen werden, da dort
keine Luft vorhanden ist.

Überlegung

Kegel abziehen, damit V_{end} berechnet werden kann

f) $V_{End} = V_g - V_k$ $h = 4$

$V_k = \frac{1}{3}\pi \cdot r^2 \cdot h$ $r = 1,5\,m$

$V_k = \frac{1}{3}\pi \cdot (1,5)^2 \cdot 4$

$= \frac{1}{3}\pi \cdot 9$

$= \frac{1}{3} \cdot 28,27$

$= 9,425\,m^3$

$V_{end} = 3867,7 - 9,43$

$= 3858,27\,m^3$

$1\,dm^3 \hat{=} 1\,L$

$\rightarrow 3858,27\,m^3 = 3858270\,dm^3 = 3.858.270\,L$

In diesen Heißluftballon passen $3.858.270\,L$ Luft.

Freie Universität Berlin
Seminar „Ausgewählte Kapitel der Mathematikdidaktik I"
Wintersemester 2015/16. ̶X̶x̶x̶x̶3̶x̶X̶n̶x̶X̶x̶x̶x̶x̶x̶X̶x̶x̶x̶x̶

Anleitung für das Lerntagebuch

Bitte schreibe ein Lerntagebuch zu dem Auftrag auf der nächsten Seite!

Dabei sind folgende Dinge wichtig:

- Schreibe deine Gedanken und Gefühle zu dem Auftrag auf.
- Schreibe möglichst viel von dem auf, was du denkst!
- Bitte in ganzen Sätzen schreiben.
- Bitte nichts durchstreichen oder löschen.
- Bitte kein Internet benutzen.
- Schreibe es auf, wenn du dich mit jemandem besprochen hast.

Es kann hilfreich sein, dein Lerntagebuch so zu gliedern:

- erste Gedanken und Gefühle zum Auftrag
- Was weiß ich dazu, welche Fragen habe ich?
- erste Lösungsschritte
- weitere Ansätze/Versuche
- Lösung
- Reflexion der Lösung/des Erarbeitungsweges
- Erkenntnisse
- weitere und weiterführende Fragen

Dein Lerntagebuch wird von den Studierenden gelesen und mit einer schriftlichen Antwort versehen. In der nächsten Mathestunde arbeitest du weiter daran.

Viel Spaß!